AF581825

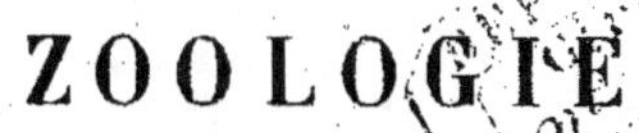



ZOOLOGIE

# LES POISSONS

(PREMIÈRE PARTIE)

## CONFÉRENCE

FAITE LE 4 FÉVRIER 1886

à la Faculté de médecine et de pharmacie de Bordeaux

PAR M. PÉRIER

ET RÉSUMÉE PAR UN AUDITEUR



BORDEAUX
IMPRIMERIE G. GOUNOUILHOU
11, RUE GUIRAUDE, 11

1886

# ZOOLOGIE.

---

## Les Poissons;

(1re PARTIE)

Conférence faite, le 4 février 1886, à la Faculté de médecine et de pharmacie de Bordeaux, par M. PÉRIER, et résumée par un auditeur.

ESSAIS DE CLASSIFICATION. Aucune classe de Vertébrés n'est aussi difficile à établir, et encore plus à subdiviser, que celle des Poissons, et il faut entrer dans des considérations anatomiques délicates, pour donner à ce grand groupe des caractères suffisamment distincts (1). On doit même avouer qu'aucune des modifications apportées, jusqu'à ce jour, par les naturalistes, dans la façon d'envisager les subdivisions de la classe, ne satisfait les aspirations de la science.

Pour Aristote, les Poissons étaient des *animaux sanguins, dépourvus de pieds, munis de nageoires,* et se plaçant à côté des *Cétacés*.

Linné les mettait à côté des Amphibiens, ainsi qu'on les range encore de nos jours.

Cuvier les partagea d'abord en cinq ordres, dont le premier (*Chondroptérygiens*, d'Aristote) se trouve subdivisé en trois sections, dans sa dernière classification *(Cyclostomes, Sélaciens, Sturioniens)*.

Depuis Cuvier, L. Agassiz a découvert vivant le groupe aussi important que restreint des *Dipnoïques*, et a voulu,

(1) Pour être convaincu de ces assertions, il suffit de mettre en parallèle : d'une part, au point de vue de la classe, les *larves* de *Petromyzon* (Poissons) et les *têtards* de *Rana* (Amphibiens); les *Carcharias* (Poissons) et les *Phocæna* (Mammifères), etc.; d'autre part, lorsqu'il s'agit des ordres, les *Raja* (Selaciens) et les *Solea* (Malacoptérygiens); le *Cyprinus carpio* et les *Perca* (Acanthoptérygiens); les *Mullus* et les *Malthe*, etc., les uns et les autres Acanthoptères.

entre autres subdivisions, constituer, d'après l'étude des divers Poissons fossiles, un ordre des *Ganoïdes*, à peu près réduit, actuellement, aux *Sturioniens,* de Cuvier.

J. Muller, de son côté, a ajouté à la classe des Poissons les *Acraniens*, sortes de *Protovertébrés* représentés par un genre unique (l'*Amphioxus*), qui est en dehors de toute comparaison avec aucun Vertébré. Il est juste de dire qu'en revanche, cet auteur a introduit, dans l'ensemble du classement des types, certaines modifications d'une valeur réelle.

Grandes divisions de la Classe. Devant la nécessité d'une classification, aussi provisoire que puisse être le groupement, nous répartirons les Poissons en quatre sections principales ayant les caractères de *sous-classes*.

Nous aurons ainsi :

1° Les *Acraniens* (α...κρανον, *tête*) ou *Leptocardiens* (λεπτος, *mince;* καρδια, *cœur*), passage des Invertébrés aux Vertébrés;

2° Les *Chondroptérygiens* (χόνδρος, *cartilage;* πτέρυγίον, *nageoire*), ou *Poissons cartilagineux,* composés des *Cyclostomes;* puis des *Selaciens,* avec lesquels commencent les véritables Poissons; et enfin des *Sturioniens,* représentant, *pro partim,* les *Ganoïdes* d'Agassiz;

3° Les *Téléostéens* (τελεσίος, *parfait;* οστεον, *os*) ou *Poissons osseux*, réunissant les *Lophobranches,* les *Plectognathes,* les *Malacoptérygiens* et les *Acanthoptérygiens;*

4° Les *Dipnoïques* (δις, *deux;* πνοή, *respiration*), groupe de transition en sens inverse des *Acraniens* et menant aux *Amphibiens.*

Caractères généraux des Poissons. Ce n'est point par la forme extérieure que l'on peut caractériser les Poissons. Des *Anguilles* aux *Esturgeons,* aux *Diodons,* aux *Hippocampes,* aux *Soles* et aux *Malthes,* on peut juger des variantes. Néanmoins, si la disposition du corps, en fuseau, qui est certainement la plus répandue, n'est pas d'une grande valeur, il n'en est plus ainsi des appendices locomoteurs appelés *nageoires* et principalement de la *nageoire caudale*, impaire et toujours *située dans un plan vertical.* Aux nageoires s'ajoute une particularité anatomique, tout à fait spéciale, qui est celle de la *vessie urinaire, logée derrière le tube digestif* et presque toujours constante.

A part les deux groupes de transition (*Acraniens* et *Dipnoïques*) pour lesquels il y a quelques réserves à faire, les Poissons se caractérisent, indépendamment de leurs *nageoires* et de leur *vessie urinaire postérieure,* par un *squelette interne à vertèbres biconcaves* et à *boîte crânienne;* par une *circulation simple mais complète,* résultant d'un *cœur à deux loges;* par un *sang rouge* et une *respiration exclusivement branchiale.* Tous ont une vie exclusivement aquatique.

Les *Acraniens* n'ont ni crâne, ni véritable cœur, ni sang rouge. Les *Dipnoïques* ont un *cœur à trois loges* et un double système d'appareil respiratoire (des *branchies* et des *sacs pulmonaires*).

TÉGUMENTS. Une peau habituellement écailleuse, plus rarement nue (Ex. : *Petromyzon*), très souvent pigmentée (Ex. : *Solea*), enveloppe le corps. Les productions dermiques brillantes *(écailles)* dont elle est si souvent recouverte disparaissent quelquefois dans son épaisseur (Ex. : *Anguilla*), comme elles passent, d'autres fois, à la forme de plaques épineuses *(écailles placoïdes);* à celle de disque arrondi sur les bords *(écailles cycloïdes),* ou à bords crénelés *(écailles cténoïdes);* enfin à l'état de lamelles osseuses recouvertes d'émail *(écailles ganoïdes)* (1).

Les pigments du derme *(chromoblastes),* contenus dans des cellules ramifiées, donnent à la peau la faculté de prendre, par leur diffusion momentanée, la couleur (ou pour mieux dire la *valeur du ton*) de la région sous-marine dans laquelle l'animal s'est réfugié (Ex. : *Solea*) (2).

(1) Les ordres des *Ganoïdes*, des *Cycloïdes*, des *Cténoïdes* et des *Placoïdes* d'Agassiz reposent sur ces différences.

(2) La résection ou la lésion des trijumeaux empêche la tête des Turbots de changer de coloration, dans toutes les parties desservies par ce nerf. (M. G. Pouchet.)

*

Un système de canaux, dits de la *ligne latérale*, se développe principalement le long des flancs du corps. D'une constitution complexe et assez diversifiée, suivant les types, ce système offre des communications plus ou moins fréquentes, plus ou moins faciles, avec le milieu ambiant. Parmi les parties caractéristiques de ce système latéral, se trouvent des éléments bacillaires ou excitables, à la base desquels viennent se terminer des filets nerveux.

La plupart des zoologistes contemporains considèrent donc assez justement ce système comme un appareil sensitif permettant, peut-être, à l'animal, d'apprécier l'état de repos ou de mouvement de l'eau qu'il habite, la direction et l'intensité des courants qui la sillonnent, le degré de densité, la composition du liquide et certaines de ses altérations.

**Nageoires.** Si les appendices destinés à la locomotion ont un squelette interne, plusieurs d'entre eux naissent cependant d'un simple repli de la peau. Tel est le cas des nageoires impaires.

Sur l'embryon, ce repli vertical part du dos et va contourner la queue, pour s'arrêter dans la région ventrale, avant d'atteindre l'anus. Avec la croissance certaines parties reçoivent des supports *(rayons)* émanés du squelette; d'autres, sans rayons, deviennent les nageoires dénommées *adipeuses*, placées sur le dos, ou rarement près de l'anus (Ex. : *Sélaciens*); d'autres, enfin, s'atrophient et divisent fréquemment, par solutions de continuité, la crête primitive en trois parties : l'une dorsale *(nageoire dorsale)*; la seconde suivant le plan de la queue et le bordant *(nageoire caudale)*; la troisième disposée en arrière de l'anus *(nageoire anale)*.

Les nageoires impaires sont susceptibles de se subdiviser à leur tour en nageoires secondaires, principalement la *dorsale* et l'*anale*. La *caudale*, soumise au mode de développement des dernières pièces de la colonne vertébrale, présente, suivant les types : un lobe unique; ou un lobe supérieur et un lobe inférieur égaux *(nageoire homocerque)*; ou un lobe inférieur développé aux dépens du supérieur (*nageoire hétérocerque*) (1).

A la suite de la dorsale, ou de l'anale, se remarquent souvent des *pinnules*, fausses nageoires à un seul rayon terminé par un éventail, et qui sont isolées, ou réunies par des lames membraneuses.

Les autres nageoires, les *nageoires pectorales*, placées en arrière des ouïes, et les *nageoires abdominales*, dont la position est tout à fait variable, sont toujours paires. Les premières correspondent aux membres antérieurs; les secondes aux membres postérieurs. Elles sont, par rapport aux nageoires impaires, et surtout à la *caudale*, ce que les rames d'un bateau sont au gouvernail.

Ces divers organes qui seront forcément rappelés à propos du squelette, manquent quelquefois, les uns ou les autres, même la nageoire caudale (Ex. : *Ophisure*).

Squelette. Les modifications successives de la *corde dorsale* et la formation des Vertèbres suivent la marche commune à ces pièces dans le développement du squelette axial de tous les *Ostéozoaires*, et l'élargissement antérieur du canal rachidien produit la boîte crânienne.

*Rachis*. On voit donc se dérouler successivement, ou persister suivant le type, la *notocorde* primordiale (Ex. : *Amphioxus*); le rachis cartilagineux continu (Ex. : *Petromyzon*); le rachis segmenté, à vertèbre refoulant la corde dorsale (Ex. : *Carcharias*); la vertèbre osseuse bi-concave à deux arcs (Ex. : *Salmo*); puis le crâne en capsule cartilagineuse (Ex. : *Cyclostomes*) et le crâne ossifié à pièces distinctes (Ex. : *Gadus*).

Le *Lepidosteus* possède seul des vertèbres arrondies en

(1) L'*hétérocerquie* dépend du mode de terminaison de la colonne vertébrale qui tend, pour divers motifs, chez les Ganoïdes, d'Agassiz, ainsi que chez de nombreux Poissons osseux, à se recourber finalement vers le haut. On ne saurait donc tirer de ce fait des caractères de classification favorables aux Ganoïdes, bien que l'*hétérocerquie* soit très nettement accentuée chez eux.

tête sur la face antérieure, et creuses sur la face postérieure (*vertèbres opisthocèles*).

Des apophyses transverses s'ajoutent assez rarement aux arcs supérieurs et ne servent, dans aucun cas, à relier les côtes. Celles-ci portent sur le corps de la vertèbre, ou s'appuient sur deux branches des arcs inférieurs disposés en angles, et comme le *sternum* manque toujours, leur relation ne s'établit, en avant, qu'au moyen de pièces supplémentaires appartenant au dermo-squelette et disposées suivant la ligne médiane antérieure. D'ailleurs les côtes peuvent faire défaut (Ex. : *Cyclostomes*).

*Crâne*. La boîte crânienne est toujours augmentée d'arcs viscéraux pairs (à part chez les *Cyclostomes* qui n'en ont pas). Ces arcs viennent former, au moins, les branches du maxillaire inférieur et le système des *os hyoïdiens*. Ils donnent la face, en totalité ou en partie.

Tandis que le prolongement de la corde dorsale des Cyclostomes produit une simple capsule. et que chez les Poissons cartilagineux la majeure partie des pièces du crâne restent soudées et toujours incomplètement ossifiées, chez les Poissons osseux les pièces demeurent, au contraire, la plupart du temps, isolées et nombreuses.

La région occipitale montre, naturellement, dans ce cas, ses quatre os fondamentaux : le *basi-occipital*, faisant suite immédiate, et sans condyles, au cycléal de la première vertèbre [1]; les deux *occipitaux latéraux*, entourant, à droite et à gauche, le *trou occipital*, et le délimitant totalement quelquefois; l'*occipital supérieur*, glissé, en arrière, entre les occipitaux latéraux, souvent porteur, on le sait, d'une crête, et se prolongeant, dans certains cas, très en avant sur le crâne, jusqu'au milieu des deux pariétaux (Ex. : *Gadus*).

La région temporale comprend de chaque côté la série de pièces entièrement liées avec l'appareil auditif, et que l'on

[1] Une rare exception se trouve chez les *Sélaciens* des genres *Chimera* et *Raja*, où la vertèbre s'articule, par un condyle, avec le crâne.

appelle : l'*opisthotique*, le *prootique*, l'*epiotique* (*occipital externe*, de Cuvier) ; et, de plus, un os de revêtement, le *squameux*, qui s'applique sur l'*opisthotique*. L'opisthotique fait suite à l'occipital latéral ; son développement est très variable ; la pièce est tantôt nulle et tantôt assez considérable pour donner une partie du crâne (Ex. : *Gadus*). Le prootique reçoit la troisième branche du *nerf trijumeau* et le *canal semi-circulaire antérieur* (partie du *labyrinthe*). L'épiotique surmonte l'opisthotique, de là vient son autre nom d'*occipital externe*.

La région pariétale, avec ses deux pièces, n'a rien de spécial ; elle n'est fort souvent constituée que par des os de recouvrement protégeant le crâne primordial.

La région sphénoïdale est caractérisée par ses os nombreux, mais quelquefois, aussi, plus ou moins soudés : en arrière et sur les côtés, les deux *orbitosphénoïdes*, fréquemment réunis en une seule pièce médiane ; en dessous, à la base du crâne, le *basi-sphénoïde*, qui va rejoindre les *alisphénoïdes*, mais qui est susceptible de manquer, ou d'être remplacé par un cartilage ; finalement, à la suite du basisphénoïde, le *parasphénoïde*, qu'une suture relie au basioccipital.

La région ethmoïdale se compose d'une lame médiane, l'*ethmoïdal médian* (*nasal* de Cuvier), de deux *ethmoïdaux latéraux*, et d'un *vomier* (1), réuni, sur l'arrière, au parasphénoïde.

Dans la région frontale on voit un *frontal principal* (ou deux frontaux distincts) et deux *post-frontaux* rejoignant, chacun, en arrière, le squameux correspondant.

*Face*. La dernière région de la tête, celle de la face, est encore plus compliquée. Sans trop se préoccuper de savoir d'où proviennent originairement les *palatins*, les *maxillaires supérieurs* et l'*intermaxillaire*, lequel termine le museau et

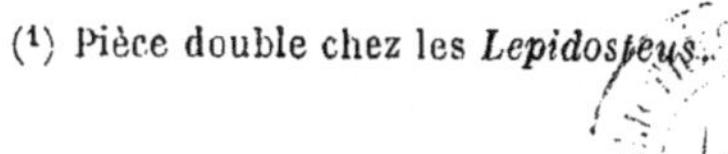

(1) Pièce double chez les *Lepidosteus*.

rejette, au second plan, les maxillaires de droite et de gauche, on remarque que cet appareil est tantôt soudé au crâne, et tantôt mobile. Chaque branche de la mâchoire inférieure reste libre habituellement et comprend, à la suite l'une de l'autre, les pièces nommées : *dentaire, articulaire* et *angulaire,* toutes issues probablement du premier arc viscéral. L'articulaire relie le système des trois os, au *jugal* de Cuvier *(quadrato-jugal, os carré)* et, par suite, au crâne ; l'angulaire, moins constant, se rattache, au moyen d'un ligament, à l'*interoperculaire.*

L'interoperculaire n'est que le terme inféro-antérieur d'une série de quatre pièces osseuses destinées à protéger l'orifice des ouies, et dont les trois autres sont : le *sous-operculaire* et l'*operculaire* disposés avec lui en arc de cercle à l'arrière de la tête, et le *préoperculaire,* placé en avant de tous, comme pour les relier.

Aux abords de l'*os carré* (ou *jugal*) on remarque diverses pièces chargées de compléter l'arcade palatine, tels que le *tympanique* de Cuvier *(métaptérygoïde)*, l'*ectoptérygoïde* et l'*entoptérygoïde.* Au dessus est l'*hyomandibulaire* (*temporal* de Cuvier) en connexion avec la région temporale du crâne.

A l'endroit des orbites se place le demi-cercle d'os accessoires, absolument particulier aux Poissons et qui sont les *infra-obitaires.* Ces os partent du post-frontal et vont rejoindre, en forme de croissant, l'*ethmoïdal latéral.* Ils sont au nombre de cinq à six, en général [1] ; ils revêtent la région maxillo-palatine (maxillaires supérieurs et palatins), et sont unis au *système suspenseur* de la mâchoire inférieure (os hyodimandibulaire, os carré, symplectique, préoperculaire, etc.).

*Squelette viscéral.* Les côtes appartiennent au squelette viscéral, mais en avant de leur système se rencontrent plusieurs arcs, non moins symétriques et beaucoup plus constants, chargés, comme on l'a vu ailleurs, de fournir certains élé-

[1] Quelquefois X et au delà.

ments de la face *(os palato-carré, maxillaire inférieur)*, et, de plus, chez les Poissons, les supports de l'appareil respiratoire.

Les paires d'arcs supportant les branchies *(arcs branchiaux)* font suite à la paire maxillaire *(arc maxillaire)* et à la paire de l'os hyoïde *(arc hyoïde)*. Elles sont au nombre de cinq à six (cinq chez les *Téléostéens*).

Les trois premières paires de cette série s'appuient sur les *copules,* ces pièces médianes impaires, ajoutées bout à bout, donnant comme l'axe du système, à la façon du sternum des Mammifères, et dont l'antérieure forme l'*os hyoïde*. Les deux dernières paires se trouvent plus fréquemment réunies latéralement aux copules inférieures par des annexes et subissent des rétrogradations plus ou moins grandes. La dernière, toujours rétrogradée, ne porte pas de branchies et se change en os pharyngiens souvent armés de dents.

Le squelette viscéral comprend ainsi : l'arc maxillaire; l'arc hyoïde; trois arcs branchiaux francs; un arc branchial quelquefois modifié dans le nombre et le développement de ses parties; un dernier arc toujours rétrograde; enfin, dans de fort nombreux cas, les appendices costaux, sans cesse pairs, à l'exemple des arcs précédents.

A cet ensemble s'ajoutent des rayons cartilagineux ou osseux *(rayons branchiostèges)* destinés à protéger l'appareil de la respiration. Ils partent des côtés de l'arc hyoïde et sont recouverts d'une membrane.

*Squelette des membres.* Les nageoires impaires sont soutenues par des *filaments cornés,* ou par des *rayons* osseux, reliés aux vertèbres au moyen des membranes implantées sur les apophyses épineuses, et même d'articulations. Les filaments cornés appartiennent aux formations tégumentaires (Ex.: *Chimera*) (1). Les rayons sont des pièces ossifiées, soit simples, soit composées d'articles en séries dichotomiques et de plus en plus délicats à partir de la base du support.

(1) On les rencontre dans les nageoires adipeuses des Poissons osseux. Ils sont plus spéciaux aux Poissons cartilagineux.

Une ceinture scapulaire supporte les nageoires pectorales, et une ceinture pelvienne reçoit l'insertion des nageoires abdominales.

La ceinture scapulaire, d'abord réduite à un arc ventral, cartilagineux (Ex.: *Selaciens*), présente plus tard deux moitiés distinctes et s'augmente de pièces osseuses dermiques (*clavicules*, os *supra-claviculaires* et os *sous-claviculaires*). Elle est libre au milieu des muscles, chez les *Squales;* tandis qu'elle est fixée au rachis, dans les *Raies;* et au crâne chez les autres Poissons.

La ceinture pelvienne reste toujours indépendante de la colonne vertébrale, contrairement à ce que l'on voit chez tous les Ostéozoaires. Un ligament ou une suture réunit les deux parties de cette espèce de bassin de position très variable, qui peut s'avancer jusqu'à la ceinture scapulaire et se relier à celle-ci.

Pour saisir le mode d'implantation des membres, il faut étudier les *Sélaciens*, types les plus développés sous ce rapport. Trois pièces principales (*propterygium*, *mesopterygium* et *metapterygium*), portant sur la base de la ceinture scapulaire, servent de supports à de nombreuses lames disposées en éventail et que continuent plusieurs séries de pièces similaires, de plus en plus réduites, polygonales ou allongées, suivant les genres de la classe.

Le *propterygium* manque dans la nageoire abdominale des mêmes *Sélaciens* et la réduction du *mesopterygium* fait que l'organe est constitué, en majeure partie, et quelquefois en totalité, par le *metapterygium*. La prépondérance de cette dernière pièce existe, d'ailleurs, dans les nageoires pectorales.

*Arêtes*. A la nomenclature des organes de soutien du corps des Poissons s'ajoutent des stylets accessoires connus sous le nom d'*arêtes;* les arêtes proviennent de l'ossification d'expansions aponévrotiques. Il n'est pas rare de les voir disposées en fourche, en Y, et répandues en nombre considérable au milieu des tissus.

Appareil musculaire. Les muscles dermiques paraissent absents, et la face n'a d'autre appareil que celui du grand muscle chargé de mouvoir les mâchoires et qui provient, à la fois, du système suspenseur et de la voûte palatine, et par conséquent plutôt du crâne. Les pièces motrices des arcs branchiaux, des opercules et des rayons branchiostèges se trouvent aussi très réduites, en dehors des Sélaciens.

Au contraire, de nombreux petits muscles desservent les nageoires impaires, et l'on constate, dans les nageoires paires, des abaisseurs et des éleveurs dont le jeu combiné amène, le cas échéant, des mouvements d'adduction ou d'abduction.

Mais l'appareil principal consiste en *muscles latéraux* puissants, disposés, de la tête à la queue, en quatre faisceaux, dont deux, dorsaux, s'étendent, l'un à droite, l'autre à gauche, le long des apophyses épineuses du rachis, pendant que les deux autres passent en bas des premiers, par dessus les côtes (Ex. : *Salmo*). Dans leur trajet ces masses allongées et grossièrement fusiformes sont isolées par une membrane tendineuse. Les faisceaux ventraux se développent beaucoup dans la région de la cavité viscérale et sur toute la partie médiane du tronc, de telle sorte qu'ils s'y trouvent en contact avec les faisceaux dorsaux (1). Dans la région caudale les apophyses épineuses séparent les deux cordons.

Indépendamment de la différenciation en quatre faisceaux, chaque muscle latéral comprend des sections produites par des *ligaments intermusculaires,* en feuillets arqués, correspondant au nombre des vertèbres. Ce sont ces ligaments ou feuillets tendineux qui donnent au faisceau l'aspect d'une suite de cônes et de demi-cônes emboîtés. On les aperçoit, du reste, à la surface de la chair des Poissons, où leurs bords libres produisent les *inscriptions tendineuses* (Ex. : *Salmo*).

(1) Les muscles latéraux manquent sur la partie ventrale des *Myxine*.

Extrait du *Bulletin des travaux de la Société de Pharmacie de Bordeaux.*

Bordeaux. — Imp. G. Gounouilhou, rue Guiraude, 11.